MapleStory
数学应用漫画

冒险岛

数学奇遇记65

运算世界里的小天才

〔韩〕宋道树／著　〔韩〕徐正银／绘　张蓓丽／译

台海出版社

北京市版权局著作合同登记号：图字 01-2023-0098

코믹 메이플스토리 수학도둑 65© 2018 written by Song Do Su & illustrated by Seo Jung Eun
& contents by Yeo Woon Bang
Copyright © 2003 NEXON Korea Corporation All Rights Reserved.
Simplified Chinese Translation rights arranged by Seoul Cultural Publishers, Inc., through
Shinwon Agency, Seoul, Korea
Simplified Chinese edition copyright © 2023 by Beijing Double Spiral Culture & Exchange
Company Ltd.

图书在版编目（CIP）数据

冒险岛数学奇遇记. 65, 运算世界里的小天才 /
(韩) 宋道树著 ; (韩) 徐正银绘 ; 张蓓丽译. -- 北京：
台海出版社, 2023.2（2023.11重印）
ISBN 978-7-5168-3449-7

Ⅰ. ①冒… Ⅱ. ①宋… ②徐… ③张… Ⅲ. ①数学 –
少儿读物 Ⅳ. ①O1-49

中国版本图书馆CIP数据核字（2022）第221778号

冒险岛数学奇遇记.65，运算世界里的小天才

著　　者：〔韩〕宋道树			绘　　者：〔韩〕徐正银	
译　　者：张蓓丽				

出 版 人：蔡　旭	策　　划：双螺旋童书馆	
责任编辑：徐　玥	封面设计：刘馨蔓	
策划编辑：唐　浒　陈嘉毓		

出版发行：台海出版社
地　　址：北京市东城区景山东街20号　　邮政编码：100009
电　　话：010-64041652（发行，邮购）
传　　真：010-84045799（总编室）
网　　址：www.taimeng.org.cn/thcbs/default.htm
E-m a i l：thcbs@126.com

经　　销：全国各地新华书店
印　　刷：固安兰星球彩色印刷有限公司
本书如有破损、缺页、装订错误，请与本社联系调换

开　　本：710毫米×960毫米	1/16		
字　　数：186千字	印　　张：10.5		
版　　次：2023年2月第1版	印　　次：2023年11月第2次印刷		
书　　号：ISBN 978-7-5168-3449-7			

定　　价：35.00元

前 言

《冒险岛数学奇遇记》第十三辑，希望通过综合篇进一步提高创造性思维能力和数学论述能力。

不知不觉，《冒险岛数学奇遇记》已经走过了 11 个年头。这都离不开各位读者的支持，尤其是家长朋友们不断的鼓励和建议。这期间，我也明白了什么是"一句简单明了的解析、一个需要思考的问题，能改变一个学生的未来"。在此，对一直以来支持我们的读者表示衷心的感谢。

在古代，"数学"被称为"算术"。"算术"当中的"算"字除了有"计算"的意思以外，还包含有"思考应该怎么做"的意思。换句话说，它与"怎么想的"，即"在这种情况下该怎么解决呢"里面"解决（问题）"的意思是差不多的。正因如此，数学可以说是一门训练"思维能力与方法"的学科。

小学五年级以上的学生应该按照领域或学年对小学课程中所涉及的数学知识点进行整理归纳，然后将它们牢牢记在自己的脑海里。如果你是初中生，就应该把它当作一个查漏补缺、巩固基础的机会，将小学、初中所学的知识点贯穿起来，进行综合性的归纳整理。

俗话说"珍珠三斗，串起来才是宝贝"，意思是再怎么名贵的珍珠只有在串成项链或手链之后才能发挥出它的作用。若是想在众多的项链中找到你想要的那条，就更应该好好收纳整理。与此类似，只有在脑海当中对数学知识和解题经验有一个系统性的整理记忆，才能游刃有余地面对各种题型的考试。即便偶尔会犯一些小错误，也能立马就改正过来。

《冒险岛数学奇遇记》综合篇从第 61 册开始，主要在归纳整理数学知识与解题思路。由于图形、表格比文字更加方便记忆，所以从第 61 册开始本书将利用树形图、表格、图像等来加强各位小读者对知识点的记忆。

好了，现在让我们一起朝着数学的终点大步前进吧！

📖 哆哆

一位十分讲义气的队长，他解开了羊之神植物羊提出的问题，顺利地把小植物羊带回给了胖斯顿，并制订好作战计划，打退想要进攻胖胖队的格蒂斯队。

📐 宝儿

一位力大无穷的少女，摧毁了希尔瓦颂建起来的黑魔法神殿；之后，她被希尔瓦颂举报至黑魔法师联盟，遭到了全世界黑魔法师的追缉。

🕐 德里奇

玛尔家族的骑士团团长，虽深受玛尔公主的信任，领导指挥工作也很顺利，但是为了阻止黑魔法之神召集黑魔法十二魔，他还是选择踏上征程、离开玛尔家族。

前情回顾

虽然希拉想让黑魔法之神附身在自己身上，但是黑魔法之神却选择了尼科当自己的分身，并想杀掉希拉。于是，希拉借助宝儿的力量，奇迹般地逃过一劫，作为代价，她使用交换魔法救出了宝儿；另一边，哆哆一行因为没饭吃而去乞求心城最大的餐饮企业的继承人——胖胖队的队长胖斯顿，可是胖斯顿却给哆哆指派了一个难以完成的任务……

✎ 希拉

一心想坐上黑魔法帝国王位的女巫，虽然沉寂了一段时间，后来还是跟找上门来的黑魔法之神做了交易。于是黑魔法之神附身于蟾蜍管家身上，让希拉成为他的奴隶。

📖 希尔宝颂&希尔瓦颂

一对黑魔法师兄弟，一心忠于黑魔法之神，并为他建造了一座神殿，还计划抢夺玛尔家族大宅，做尽了各种坏事，却在德里奇和宝儿面前一败涂地。

📐 格蒂斯

格蒂斯队的队长，没有人知道她究竟是谁，以超强的战斗力收服了周围的队伍，让所有人都成为她的奴隶，并且开始入侵胖胖队。

目 录

我听说过，是因为你要研发新菜品。

没错。

我来血泪之星，就是为了这一道菜。

那就是羊奶芝士！

这也没什么稀奇的嘛。我还以为是很厉害的一道菜。

它就是一道厉害的菜。

因为这个芝士是用羊之神植物羊的乳汁制成的!

羊之神植物羊……它是真实存在的吗?

是的!就在血泪之星上!

正确答案　○（解析见第 165 页）

你是谁？

怒视

我、我……

拜托您，请给我一点乳汁。

你这家伙真是没有礼貌啊，招呼都不打一个，上来就找别人要东西？

对不起，那我现在来跟您打个招呼吧……

不用了！你不会以为能从我这儿免费要走东西吧？

我要你留下你的性命。

我的乳汁可是这天下独一无二的宝贝，既然你想要的是这个，那总得付出相应的代价，不是吗？

哼

您的话非常有道理。按理说，我肯定是要献出我的生命才对。可是，非常可惜，我只有这一条命……要不等以后我有两条命的时候再给您，现在就先让我赊个账怎么样？

吵死人了！说什么废话呢。

生气

烦死了，赶紧走开。

第205章-2
选择题

用长为 3.6cm、宽为 2.4cm 的长方形纸板紧密排列成一个最小的正方形，需要几个这样的纸板？
① 6个　② 8个　③ 12个　④ 18个　⑤ 24个

第205章　15

 ①（解析见第165页）

你要是被我训过，估计立马就会改变想法哦。

你喜欢什么科目呀？

嗯……数学。

那你应该知道，什么是分解质因数*吧。

*分解质因数：将一个正整数写成几个约数的乘积的形式。

当然知道了。

要是把你自己分解质因数的话，你的心情会怎么样呢？

嘻嘻

把你分解成分子*，也就相当于分解质因数了吧。

*分子：是独立存在而保持物体化学性质的最小粒子，由原子组成。

我的天哪！

你要小心哦。万一起风的话，你就要被吹散了。因为你现在就只是一堆分子。
哈哈哈哈……

第205章-3
选择题

请把有4个约数的数全都找出来。
① 4   ② 5   ③ 6   ④ 8

第205章   19

我错了！
您饶了我吧！

满意

老实点，乖乖给我回去。

正确答案　③、④（解析见第 165 页）

反正我要拿到乳汁之后才能走。您要是不给的话，我是不会走的。不走，不走！

哎哟，我真是……

我从罗马时代一直活到现在，还是头一次见到像你这样执着的家伙。

那您给我一些乳汁，不就行了嘛！

可以。

只要你猜中了我的名字，我就给你乳汁。

名字？不是叫植物羊吗？

那是我的物种名称。我的名字不是这个。

我给你个提示，1、6和10。

这是什么提示啊?

不接受提问。我数三下，你要说出答案啊。

答错了的话，你就乖乖给我回去。要是再做纠缠的话，就别怪我不客气了。我要是再来分解你，就不是分子了，而是直接让你变成原子*!

*原子：化学反应不可再分的基本微粒。

紧张

一!

为什么给出的提示是数字呢?

 正确答案　4（解析见第 165 页）

二！

等一下，刚才植物羊说到……

我从罗马时代一直活到现在……

那意思就是，它是罗马时代出生的。这么一来，它的名字就应该是罗马语。

三，时间到！

回答！

在罗马数字中，1就是
I，6是VI，10是X……

阿拉伯数字	1	2	3	4	5	6	…	10
罗马数字	I	II	III	IV	V	VI	…	X

1610 → IVIX

?!

植物羊您的名字就是艾
维克斯（IVIX）！

惊

嘻 嘻

正确。

哟吼!

哇

您会依照约定,给我乳汁吧?

我已经太老了,没有乳汁了。

那、那您不就是在骗我吗?

气
气

啊啊

运用图像、树形图、表格理解记忆

归纳整理数学教室

1 | 分解质因数

领域 数与运算　　　**能力** 概念理解能力/理论应用能力

由于自然数6能被1、2、3、6整除，所以我们可以说6的约数有1、2、3、6。又因为6=1×6=2×3，所以1、2、3、6这4个自然数也可以称为6的因数。

一切自然数都有1和它本身这两个约数。自然数可以根据约数的个数来进行分类，下面我们就来整理归纳一下吧。

［例题1］ 请写出下列自然数的所有约数。

　　　　　（1）1　　　　　　（2）2　　　　　　（3）4　　　　　　（4）6

［解析］ （1）1的约数只有1。　　　　　（2）2的约数有1、2。

　　　　　（3）4的约数有1、2、4。　　　　　（4）6的约数有1、2、3、6。

一个数，如果只有1和它本身两个因数，这样的数叫作质数或素数。一个数，如果除了1和它本身外还有别的因数，那么这样的数叫作合数。由于1只有1个约数，所以它既不是质数也不是合数。质数的个数是无穷的，且质数中只有2是偶数，其余的全部都是奇数。

判断给出的自然数N，是质数还是合数的方法

先在比N小的数中找到最大的一个数m，并使它的平方数m^2大于N，再用小于m的质数依次去除N，如果都不能整除，则N必然是质数。一定要按顺序从最小的质数开始去除哦。只要有一个质数能整除，N就是合数；若没有质数能整除，则给出的这个自然数N就为质数。

我们来举例说明一下，看看91、101、111是不是质数。

因为$9^2=81$，$10^2=100$，$11^2=121$，11以内的质数有2，3，5，7，那么用它们去整除即可得出答案。91（$=7×13$）为7的倍数，所以它是合数。这里没有必要使用比7大的质数来进行整除，是因为用大于7的质数进行整除的情况已经包含在了前面用小于7的质数进行整除的情况里。（参考：$N=pq$，$p \geqslant \sqrt{N}$则$q \leqslant \sqrt{N}$）

101不是2、3、5、7的倍数，所以它是质数。111等于3×37，所以它是合数。

每个合数都可以写成几个质数相乘的形式。其中每个质数都是这个合数的因数，叫作这个合数的质因数。把一个合数用质因数相乘的形式表示出来，叫作分解质因数。相同质因数多次相乘就是乘方。

$$7 \times 7 \times 7 = 7^3$$

$$7^3 \begin{cases} \longleftarrow 指数 \\ \longleftarrow 底数 \end{cases}$$

1000以内质数表　　　　　　　　　　　　　　　　　　　　　　　(168个)

2	31	73	127	179	233	283	353	419	467	547	607	661	739	811	877	947
3	37	79	131	181	239	293	359	421	479	557	613	673	743	821	881	953
5	41	83	137	191	241	307	367	431	487	563	617	677	751	823	883	967
7	43	89	139	193	251	311	373	433	491	569	619	683	757	827	887	971
11	47	97	149	197	257	313	379	439	499	571	631	691	761	829	907	977
13	53	101	151	199	263	317	383	443	503	577	641	701	769	839	911	983
17	59	103	157	211	269	331	389	449	509	587	643	709	773	853	919	991
19	61	107	163	223	271	337	397	457	521	593	647	719	787	857	929	997
23	67	109	167	227	277	347	401	461	523	599	653	727	797	859	937	
29	71	113	173	229	281	349	409	463	541	601	659	733	809	863	941	

[参考] 1至5000以内一共有669个质数，到10000一共有1229个质数。

[例题2]　**请把下列各数分解质因数。**

　　　　　（1）6　　　　　　（2）16　　　　　（3）72　　　　　（4）101

[解析]　从最小的质数开始，依照2、3、5、7、11……的顺序，来整除题目中给出的自然
　　　　数，就可找出质因数了。

　　　　（1）6=2×3（从最小的质因数开始标记）　　　（2）16=2×2×2×2=2⁴

　　　　（3）72=2×2×2×3×3=2³×3²（用乘方来表示）　　（4）101本身即为质数

在自然数 N 质因数分解成 $p^m \times q^n$ 的形式（p 与 q 为不同质数）下，求 N 的约数的个数。

一个约数的因数可以是 p^0、p^1、……p^m，q^0、q^1、……q^n，由此可得它有（$m+1$）×（$n+1$）个约数，这个数就是约数的个数。

[例题3]　**已知72=2³×3²，请求出72有多少个约数。**

[解析]　对于72的约数来说，质因数2可以有0个、1个、2个、3个，质因数3可以有0个、
　　　　1个、2个。由此可得，它一共有12个约数。

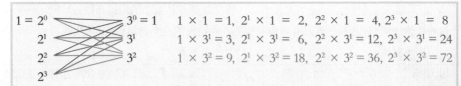

$1 = 2^0$　　　$3^0 = 1$　　$1 \times 1 = 1,\ 2^1 \times 1 = 2,\ 2^2 \times 1 = 4,\ 2^3 \times 1 = 8$
2^1　　　　3^1　　$1 \times 3^1 = 3,\ 2^1 \times 3^1 = 6,\ 2^2 \times 3^1 = 12,\ 2^3 \times 3^1 = 24$
2^2　　　　3^2　　$1 \times 3^2 = 9,\ 2^1 \times 3^2 = 18,\ 2^2 \times 3^2 = 36,\ 2^3 \times 3^2 = 72$
2^3

把式子（$2^0+2^1+2^2+2^3$）×（$3^0+3^1+3^2$）展开即可得12个展开项，这些展开项都是约数。

[例题4]　**请分别找出有1个、2个、……12个约数的最小自然数。**

[解析]　不同个数的约数所对应的最小自然数已整理成下表。请注意约数的个数是质数还
　　　　是合数。

约数的个数	1个	2个	3个	4个	5个	6个
最小自然数	1	2	$2^2 = 4$	$2 \times 3 = 6$	$2^4 = 16$	$2^2 \times 3 = 12$
约数的个数	7个	8个	9个	10个	11个	12个
最小自然数	$2^6 = 64$	$2^3 \times 3 = 24$	$2^2 \times 3^2 = 36$	$2^4 \times 3 = 48$	$2^{10} = 1024$	$2^2 \times 3 \times 5 = 60$

206 宝儿的屁里含有
特殊的东西

植物羊说只要把她种在院子里，用新鲜的草料喂养一年，之后就能产乳汁了。

咩咩。

这份恩情我要怎么报答你才好呢？

只要你遵守约定就行。

这是当然，我每天都会给你们做最高级的料理。

呀吼！

啦 啦

他们这是要跑到餐厅去吗？他们又是怎么知道餐厅在哪儿的？

当然是闻着味道知道的啦。饿得太久了，这鼻子就跟狗鼻子差不多了。

啊……

×（解析见第 165 页）

正确答案

正所谓，勇敢之人所愿之事，必将达成。

可我并不勇敢啊，我胆子很小的。

但是只要想到家里还有一群嗷嗷待哺的孩子，勇气就源源不断地冒了出来。

叽叽

喳喳

哈哈哈！

你很合我心意啊。时隔多年，又再次见到了一个会成为英雄的大器之才。

让我来看看你的未来吧。

我的未来怎么样?

怎么会这么曲折离奇……真是后悔,不该看的。

把12分解质因数是(　)。

① $1 \times 2^2 \times 3$　　② 3×4　　③ 2×6　　④ $2 \times 2 \times 3$　　⑤ $1 \times 3 \times 4$

④（解析见第 165 页）

哆哆，干吗呢？
赶紧来啊。

来啦！

呼 呼

希拉小姐，您看起来很平和啊。

离开了黑魔法界，我的心情就变得这么平和了。

以前的我太傻了。怎么会想着让黑魔法之神附身在我身上呢……

还差一点就成了邪恶尼科的奴隶。

不过，尼科在最后还是救了我跟德里奇。

德里奇跟宝儿现在在哪儿呢？

宝儿被我用交换魔法变到很远的地方去了之后，就一直没有消息了。

第206章-3
选择题

下面哪个数的约数不止 12 个？

① 3^{11}　② 2×3^5　③ $3^5 \times 5$　④ $2^2 \times 3^3$　⑤ $2^3 \times 3^3$

正确答案　⑤（解析见第 165 页）

看来玛尔公主很信任德里奇。

没错，宝儿也很信任他。

德里奇和宝儿是好朋友。

现在不一样了。

尼科给德里奇下了咒，让他对宝儿充满厌恶。

这样的话，就不好说了。

没错。

其实我最想知道的是……

黑魔法之神带着黑魔法十二魔去哪里了。

他应该非常想立刻建立黑魔法帝国。他现在究竟在干什么呢？

就是说呀……

叮咚

这个时候不应该来客人啊，是谁啊？

蟾蜍管家，你怎么了？

黑、黑魔法之神，您这会儿做坏事儿都来不及呢，怎么会跑到我家里来呢？

我来找你帮忙。

哎哟

啊？

我不应该选择尼科的，我向你道歉。

帮帮我吧，希拉！

不行，我们希拉小姐早就跟黑魔法一刀两断了！

等等。

先听听看他到底想说什么吧，这又不会损失什么，对吧？

请您继续说吧，黑魔法之神。

我怎么觉得这么不安呢……

这叹气声也太大了吧。

哎哟

你知道我召唤了黑魔法十二魔吧？

当然了。您不说我也正好奇呢。

正确答案　16（解析见第166页）

黑魔法十二魔现在在什么地方？

他们全都逃走了。

这话是什么意思？

他们还不熟悉这边的世界，一点小小的刺激都会让他们产生过激反应。

唉，谁知道会碰到这种灾难呢？

什么灾难？

就是宝儿姑娘啊……

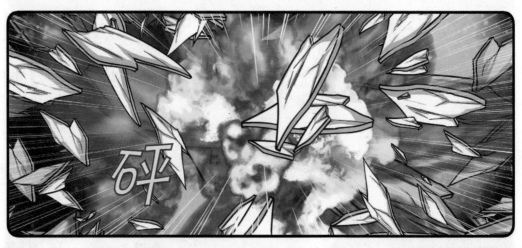

她放了个屁！

噗呜

啊？

我说宝儿放了个屁！

呜呜

这又不是什么了不起的大事！

原来你还不清楚。也对，毕竟我也是后来才知道的。

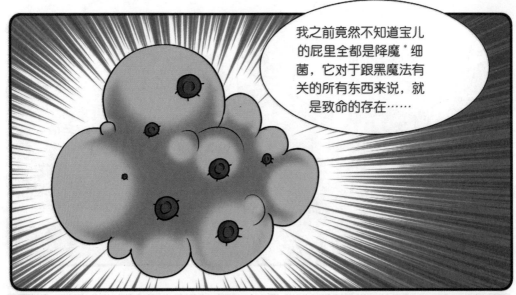

我之前竟然不知道宝儿的屁里全都是降魔*细菌，它对于跟黑魔法有关的所有东西来说，就是致命的存在……

*降魔：指降伏邪魔。

我竟然亲手把我亲爱的孩子们，带入了一个已经被降魔细菌污染了的空间。这群幼小可怜的孩子怎么承受得了呢？

我的天哪……

宝儿姑娘的肠胃里有的不是乳酸菌，而是降魔细菌啊！

2 | 最大公约数的求法

| 领域 | 数与运算 | 能力 | 数理计算能力/理论应用能力 |

两个数共同的约数就叫作**公约数**，所有公约数中最大的那个数就是**最大公约数**。

当我们知道了某两个数的最大公约数之后，就能快速求出它们的最小公倍数了。最大公约数与最小公倍数之间的关系可以整理成下表：

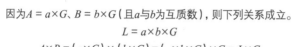

> **两个数A、B的最大公约数G与最小公倍数L之间的关系**
>
> 因为$A = a \times G$、$B = b \times G$（且a与b为互质数），则下列关系成立。
>
> $$L = a \times b \times G$$
>
> $$A \times B = (a \times G) \times (b \times G) = (a \times b \times G) \times G = L \times G$$

已知两个数，要求它们的最大公约数。这时求解方法有 [1] 短除法（小学），[2] 质因数分解法（中学），[3] 辗转相除法这三种。下面我们就依次来了解一下吧。

[1] 短除法

我们以 $A = 36$ 和 $B = 48$ 来举例，求出它们的最大公约数和最小公倍数。由于这两个数都是偶数，所以可以一直除以 2，直到得出奇数为止。然后，继续除以 3、5、7……，除到没有公约数为止。

```
2) 36  48
2) 18  24
3)  9  12
    3   4
```

最大公约数G为它们共同的除数2、2、3的乘积，即为$2 \times 2 \times 3 = 12$。

最小公倍数L为它们共同的除数2、2、3与最后得出的商3、4的乘积，即为$2 \times 2 \times 3 \times 3 \times 4 = 144$。由此可得，$A \times B = G \times L$这一关系成立。

[2] 质因数分解法

在求 $A = 300 = 2^2 \times 3 \times 5^2$ 和 $B = 1400 = 2^3 \times 5^2 \times 7$ 的最大公约数和最小公倍数时，可以利用这两个数的所有质因数2、3、5、7，将 A 和 B 分别用 $2^p \times 3^q \times 5^r \times 7^s$ 的形式来表示。这个时候，需要用到 $n = n^1$（指数为 1 可省略）与 $n^0 = 1$（$n \neq 0$）的特性。

由此可知，$A = 2^2 \times 3^1 \times 5^2 \times 7^0$，$B = 2^3 \times 3^0 \times 5^2 \times 7^1$。这里，我们把同一质因数上的指数进行比较，选出小的那些数进行乘法运算，可得 $2^2 \times 3^0 \times 5^2 \times 7^0 = 100$，$A$ 与 B 的最大公约数为 100；而指数大的那些数相乘后所得的数为最小公倍数，即 $2^3 \times 3^1 \times 5^2 \times 7^1 = 4200$。

[例题1]　请用质因数分解法求出下列各数的最大公约数与最小公倍数。

　　（1）5292、5400　　　　　　　　　　　　（2）24、45、50

[解析]　（1）$5292 = 2^2 \times 3^3 \times 7^2$，$5400 = 2^3 \times 3^3 \times 5^2$，

　　　　　　最大公约数为$2^2 \times 3^3 = 108$，最小公倍数为$2^3 \times 3^3 \times 5^2 \times 7^2 = 264600$。

　　　　（2）$24 = 2^3 \times 3 = 2^3 \times 3^1 \times 5^0$，$45 = 3^2 \times 5 = 2^0 \times 3^2 \times 5^1$，$50 = 2 \times 5^2 = 2^1 \times 3^0 \times 5^2$，

　　　　　　最大公约数为$2^0 \times 3^0 \times 5^0 = 1$，最小公倍数为$2^3 \times 3^2 \times 5^2 = 1800$。

[3] 辗转相除法

在求两个数的最大公约数时，常常会遇到质因数不好找而很难分解质因数的情况。这种时候就要用到辗转相除法来求解这两个数的最大公约数了。如下面的 [例题2] 所示，是将左侧的数与右侧的数互换相除，所以才称之为"辗转相除法"。

辗转相除法

已知两个数A、B，且$A>B$，求它们的最大公约数G。这一题目，可以转换成下列这种运用"有商和余数的除法运算"，

$$A=q \times B+R, \quad 0 \leqslant R < B$$

中所得的余数R来求B和R的最大公约数G的问题。

在$A=a \times G$，$B=b \times G$（a与b为互质数）的时候，把它们代入上面的除式当中，

整理可得$A=q \times B+R \rightarrow a \times G=q \times b \times G+R \rightarrow R=(a-q \times b) \times G$，所以余数$R$也为$G$的倍数。

即，求A与B的最大公约数这一问题就换成了求B与R的最大公约数！

求转换后B和R（$B>R$）的最大公约数G时，就重复运用上面的方法，

即，$B=q_1 \times R+r_1$（$0 \leqslant r_1 < R$）$\rightarrow R=q_2 \times r_1+r_2$（$0 \leqslant r_2 < r_1$）$\rightarrow r_1=q_3 \times r_2+r_3$（$0 \leqslant r_3 < r_2$）。

如此重复，直到最后结果为$r_{n+1}=0$（可整除）为止。这时r_n就为我们所求的A、B的最大公约数G。

[例题2] 请运用辗转相除法求出5609与4757的最大公约数，再将这两个数进行质因数分解。（此题如用其他方法解答将会十分困难。）

[解析] 5609除以4757所得的余数为852，再用4757除以852，所得的余数为497。继续用852除以497，得到的余数为355，497除以355的余数为142，再用355除以142得余数为71。接着用142除以71，因为可以整除，所以71就为这两个数的最大公约数。

由此可得，进行质因数分解后$5609=71 \times 79$，$4757=71 \times 67$。（67、71、79都为质数）

① $5609 \div 4757 = 1 \cdots 852$	1	5609	4757	5	② $4757 \div 852 = 5 \cdots 497$
		4757	4260		
③ $852 \div 497 = 1 \cdots 355$	1	852	497	1	④ $497 \div 355 = 1 \cdots 142$
		497	355		
⑤ $355 \div 142 = 2 \cdots 71$	2	355	142	2	⑥ $142 \div 71 = 2 \cdots 0$
		284	142		
		71	0		

[例题3] A和B的最大公约数为35，最小公倍数为700。B和C的最大公约数为28，最小公倍数为980。请求出A、B、C这三个数的最大公约数与最小公倍数。

[解析] 假设A和B的最大公约数为G_1，B和C的最大公约数为G_2，则A、B、C这三个数的最大公约数为G_1与G_2的最大公约数。

因此，A、B、C这三个数的最大公约数为7。

同理，假设A和B的最小公倍数为L_1，B和C的最小公倍数为L_2，则A、B、C这三个数的最小公倍数为L_1与L_2的最小公倍数。

因为$L_1=700$，$L_2=980$，它们的最小公倍数为4900，所以A、B、C这三个数的最小公倍数为4900。

207 希拉失败得更加彻底了

黑魔法十二魔因为无法忍受宝儿放的屁，所以就逃走了。

嗯。

那他们跑到哪里去了呢？

都躲到这个世界的不同角落里去了。

我要把这些孩子都召集回来。只有这样，我才能用黑魔法之力征服这个世界！

那我能帮到您什么呢？

我用黑魔法之力召集他们的时候，需要一个安全的地方，而且这件事并不简单，会耗费很长的时间。

我要你在这段时间里保护好我。

那我能得到什么呢？

黑魔法帝国的王位！

嘻嘻

希拉小姐，您千万不能动摇啊！您发誓要跟黑魔法一刀两断的……

打

打
打
打

可以，我会帮助您的。

太好了。

那要先找一个可以施展魔法的安全地方吗？

不，在这之前……

一直维持灵魂形态非常辛苦。我需要一个能让我附身的肉体。

那请您附身到我身上来吧。

知道了。

先附在你的身上，然后再吸这个家伙的生命力来增强法力吧，如何？

这个想法不错，呵呵。

眼睛都不眨一下，就把一个忠心的管家给牺牲了，看来你果然很邪恶啊。嘿嘿。

好了，那我们现在就开始吧！

第207章-1
判断题

若自然数 M 与 N 为互质数，那么 M 与 N 的最小公倍数为 $M \times N$。

○（解析见第166页）

要是他附在您身上之后，光吸您的生命力，对您不管不顾怎么办？

这、这说得也是。

那该怎么办才好？

请让他先附在我身上。我们得确认是不是会有副作用才行啊。

蟾蜍管家，你这是要为了我以身犯险，用自己当实验对象吗？

因为我永远都是希拉小姐的管家。

感动

干吗呢？
还不赶紧开始！

我要换一下顺序。

怎么换？

首先，黑魔法之神您附身到蟾蜍管家的身上，吸光他的生命力之后……

再来我这里。

这样换顺序可以吗？

当……然没有问题啦。

有一个法则叫作
"加法结合律"。

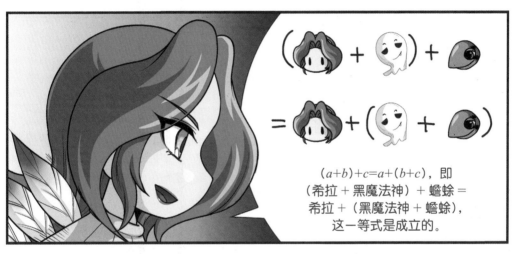

$(a+b)+c=a+(b+c)$，即
（希拉 + 黑魔法神）+ 蟾蜍 =
希拉 + （黑魔法神 + 蟾蜍），
这一等式是成立的。

咦，竟然还有
这种法则？

是的，所以您
放心好了。

可以，那我就先附身
到蟾蜍管家身上吧。

蟾、蟾蜍管家，
你还好吗？

$A=3^2 \times 5^3 \times 7$ 与 $B=3^4 \times 5 \times 7^2$ 的最小公倍数是多少？

① $3^6 \times 5^4 \times 7^3$　　② $3^8 \times 5^3 \times 7^2$　　③ $3^4 \times 5^4 \times 7^4$　　④ $3^4 \times 5^3 \times 7^2$

黑魔法之神，您附身成功了吧？

现在请您吸取蟾蜍管家的生命力，然后再附到我身上来吧。

你给我闭嘴！

正确答案 ④（解析见第166页）

既然我已经有了肉体，就不再需要你了，希拉。

您、您为什么这样？

刚才不是说按照加法结合律，您先跟蟾蜍管家合为一体，然后再跟我……

我刚才是让你闭嘴了吧？

蟾蜍管家，你要是还在就说句话啊。

蟾蜍管家没了。

我是蟾蜍主人！

我是你要粉身碎骨尽忠伺候的主人，希拉。

反抗是不被允许的，奴隶希拉！

怎么会这样……
我竟然成了奴隶！

$A=3^2 \times 5^3 \times 7$ 与 $B=3^4 \times 5 \times 7^2$ 的最大公约数是多少？

① $3 \times 5 \times 7$　　② $3^2 \times 5^2 \times 7^2$　　③ $3^2 \times 5 \times 7$　　④ 3^2

正确答案　③（解析见第 166 页）

玛尔公主，您真是美若天仙啊。

真的吗？

那是当然了。

哪有您说得这么夸张！

您真是太谦虚了！

您是我见过最美的女士。

我的天哪，你这个人！

他正好过来了呢。

没有其他的意思。我绝对不是因为想结婚才穿的哦！

明白。

德里奇，你看起来很疲惫啊。

这次的黑魔法师实力很强大。为了击退他，我们是费了点心思。

为什么各地会突然冒出这么多黑魔法师呢？

不清楚。

黑魔法之神召唤出了黑魔法十二魔，这一流言现在正四处传播着。

黑魔法十二魔？他们在哪里呢？

没人知道。

反正都在说这个世界已经笼罩在黑魔法的阴霾之下，还说之前一直藏着不现身的那些黑魔法师和女巫们，之所以会一下子全都冒出来，也是因为这个。

再这么下去离世界末日也不远了……

喂，不要说这种话！

我还这么年轻，世界末日怎么能来呢！

德里奇团长！

正确答案　19（解析见第166页）

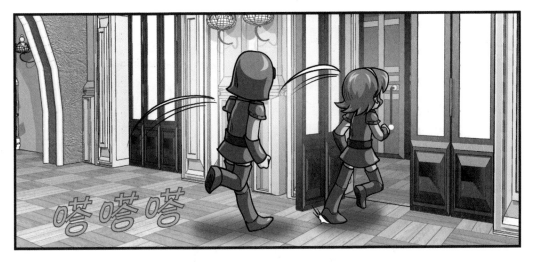

您干吗突然说这种话？

没什么。

需要多少兵力？

没有用！魔法只能用魔法来阻挡！

嗒嗒嗒

我只是常常会有这种感觉……

运用图像、树形图、表格理解记忆

3 整数及其运算

领域 数与运算　　　能力 概念理解能力／理论应用能力

我们知道整数1、2、3……可以用来计量事物的数目，而0则表示什么都没有。从这一含义来看，大家是不是会疑惑，那比"什么都没有"还少的数目，即"比0还小的数字"究竟是什么呢？换句话说，也就是在数目或大小的含义里，是无法想象"比0还小"所代表的意思的。

然而在数学范畴当中，我们在按照某种规律对事物进行排序之后，可以按这个顺序使用"大或小"来说明事物。数学中所使用的顺序关系跟大小关系正属于这种情况。

数学里会说"−1比0小"，那这里的"−1"是什么呢？另外，"−2"比"−1"大还是小呢？"−1"和"−2"的乘积又是多少呢？让我们从现在开始，来了解一下这些问题吧。

在我们的日常生活中，常常会使用"+"和"−"这两个符号来区分互为相反意义的数量。下面就通过几个例子来看一下吧。

· 在表示温度的时候，以0℃为基准，零上5摄氏度表示为+5℃，零下5摄氏度表示为−5℃。
· 以海平面为基准，海拔700m表示为+700m，海底700m表示为−700m。
· 1000韩元的收益表示为+1000韩元，1000韩元的损失表示为−1000韩元。

如 +5、+700、+1000 等，这种加在数字前面的"+"号叫作正号，而 −5、−700、−1000 这些数前面的符号"−"就是负号。正号是可以省略的。例如，+5、+700也可以写为5、700。

在整数1、2、3……前面，加上负号所得的数 −1、−2、−3…… 就为负整数，而加上正号的 +1、+2、+3…… 或是省略"+"的 1、2、3……，就叫作正整数。正整数、零（0）、负整数统称为整数。

> 整数 ⎧ 正整数：1、2、3……
> ⎨ 零（0）：既不是正数也不是负数
> ⎩ 负整数：−1、−2、−3……

假设我们将一根可以表示高度与深度的标杆朝右横放着，就会得到一个如下图所示的标有整数刻度的直线，这一直线被称为数轴，即规定了原点、正方向和单位长度的直线叫作数轴。每个整数都对应数轴上的一个点，这些点之间的间隔是相对固定的。同时，对于数轴上的两个点来说，右侧的点表示的数大于左侧的点表示的数。

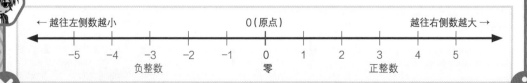

← 越往左侧数越小　　　0（原点）　　　越往右侧数越大 →

−5　−4　−3　−2　−1　0　1　2　3　4　5

负整数　　　　　零　　　　正整数

下面我们来归纳整理一下关于整数的四则运算规律吧。

在整数的运算中，尤其是负数 × 负数 = 正数及负数 ÷ 负数 = 正数这种性质，理解起来并不容易。

在 $3 \times 2 = 6$，$3 \times 1 = 3$，$3 \times 0 = 0$ 中，随着乘数变化，乘积也有规律地变化。

既然如此，那么 $3 \times (-1)$、$3 \times (-2)$、$3 \times (-3)$ 之间的规律又会是怎么样的呢？如右表所示，后一个式子的乘积都比前一个式子的乘积小 3。

即，$3 \times (-1) = -3$，$3 \times (-2) = -6$，$3 \times (-3) = -9$。

另外，在 $(-3) \times 2 = -6$，$(-3) \times 1 = -3$，$(-3) \times 0 = 0$

⋮	⋮
$3 \times 2 = 6$	$(-3) \times 2 = -6$
$3 \times 1 = 3$	$(-3) \times 1 = -3$
$3 \times 0 = 0$	$(-3) \times 0 = 0$
$3 \times (-1) = -3$	$(-3) \times (-1) = 3$
$3 \times (-2) = -6$	$(-3) \times (-2) = 6$
$3 \times (-3) = -9$	$(-3) \times (-3) = 9$
⋮	⋮

中，后一个式子的乘积比前一个式子的乘积大 3。若乘数继续变小，即 $(-3) \times (-1) = 3$，$(-3) \times (-2) = 6$，$(-3) \times (-3) = 9$，那么它们的乘积也会按这一规律继续变大。

依照这一规律，就能得出如下结论：

正数 × 负数 = 负数，负数 × 正数 = 负数，负数 × 负数 = 正数，正数 × 正数 = 正数。

当 A、B 都是不为 0 的整数时，仅通过乘法运算 $A \times B = C$，也是可以得出乘法的逆运算除法的，即 $C \div A = B$ 或 $C \div B = A$。商的符号可以由此得出：正数 ÷ 负数 = 负数，正数 ÷ 正数 = 负数，负数 ÷ 负数 = 正数。

另外，适用于自然数的加法交换律、乘法交换律，加法结合律、乘法结合律，以及乘法分配律，也同样适用于整数的运算。

我们学习过的整数四则运算法则可归纳如下：

四则运算	四则运算	备注
整数的 加法	*同号两数相加，取与加数相同的符号，并把绝对值相加。 *绝对值不相等的异号两数相加，取绝对值较大的加数的符号，并用较大的绝对值减去较小的绝对值。	$n + 0 = n$
整数的 减法	*转换减数的符号后相加。即，加上减数的相反数。	$n - m$ $= n + (-m)$
整数的 乘法	*同一符号的两个整数之积等于它们的绝对值之积并附上符号+。 *不同符号的两个整数之积等于它们的绝对值之积并附上符号-。 *任何整数与0的乘积都为0（$n \times 0 = 0$）。	$(-) \times (-) = (+)$ $n \times 1 = n$
整数的 除法	*整数乘法运算的逆运算就是除法运算。 *因为整数除以整数的结果不一定为整数，所以可以按照"有理数的除法法则"进行计算。 *在有理数的除法运算中，除以一个不等于0的数等于乘这个数的倒数。	$m \div n$ 可以表示成 $\frac{m}{n}$ 的形式（$n \neq 0$）
运算定律	*加法交换律：$m + n = n + m$ *乘法交换律：$m \times n = n \times m$ *加法结合律：$(m + n) + p = m + (n + p)$ *乘法结合律：$(m \times n) \times p = m \times (n \times p)$ *乘法分配律：$m \times (n + p) = m \times n + m \times p$，$(m + n) \times p = m \times p + n \times p$	指数定律

[参考] 请大家注意，正号（+）、负号（-）与加法、减法的运算符号虽然样子一样，但是它们的意义却不一样。

$$-5 + 7 + (-8) - (-4) = -2$$

负号　运算符号　负号

82　冒险岛数学奇遇记 65

208 黑魔法界的偶像

你是何人？

我是黑魔法界冉冉升起的新人偶像……

希尔宝颂。
哈哈哈哈！

我是来征收玛尔家大宅的。你们若是乖乖把房子交出来，我还能饶你们一命。

好吧，那我就打起精神来让你知道知道厉害。

嘟嘟

嚷嚷

出来吧，土石儿！

大喊

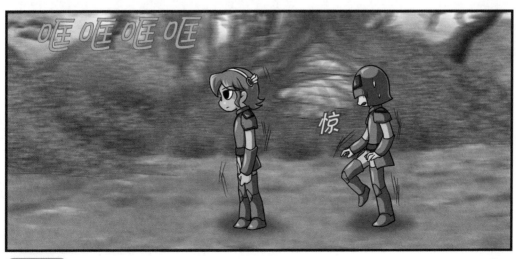

哐哐哐哐

惊

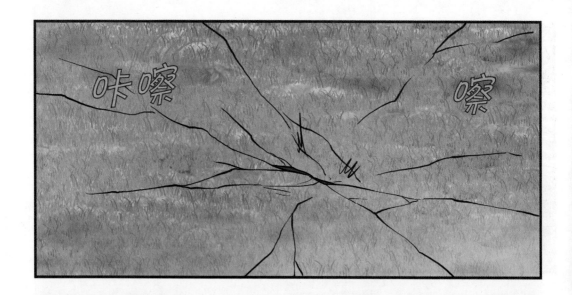

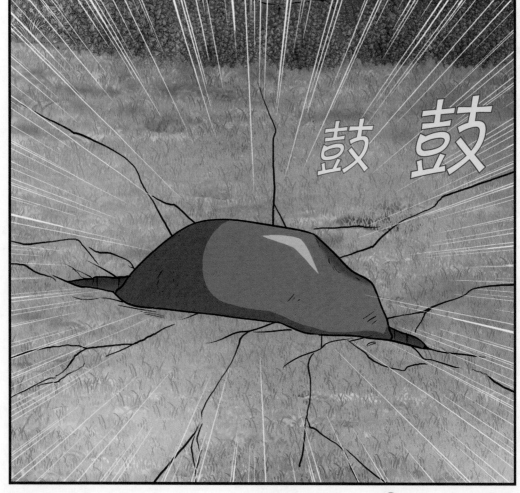

○（解析见第 166 页）

害怕了吗？

这魔法也太拙劣了吧。

哼

不过就是随便揉了一团泥土，让它能动起来罢了。要不你试着教它耍耍杂技？这样你去集市上搞个表演，还能受到小孩子们的欢迎呢。

你这家伙竟敢……

气愤
气愤

去拿个筛子来。

啊？

筛子，你不知道吗？就是用来过滤粉末的工具啊。

啊，是！

嗒嗒嗒

第208章-2
选择题

下列选项中错误的是（　　）。

① $(-1)^0=1$　　② $-2 > -1$　　③ $(-1)^{11}<0$　　④ $(-2)\times(-1) > 2\times 0$

对付这种不入流的泥娃娃，我有的是办法。这就是希腊数学家兼魔法师埃拉托色尼先生发明的魔法……

咚 咚 咚

正确答案 ②（解析见第 166 页）

* 埃拉托色尼筛法：是由希腊数学家埃拉托色尼所提出的一种简单检定素数的算法。要得到自然数 n 以内的全部素数，必须把不大于根号 n 的所有素数的倍数剔除，剩下的就是素数。

OT

*挖掘机：用来挖掘物料时使用的机器。

看来得喊挖掘机*过来把这
东西清理干净了。至于费
用，就得由你来负责了。

现、现在胜负还未定呢，你来啊！

嘻嘻

我叫你过来！

怒气

*障眼法：指遮蔽或转移别人视线的手法。

你一个由障眼法*弄出来虚影，我为什么要过去？

你的本体……

四处看

第208章-3
选择题

-3-（-5）-3=-1中一共有多少个运算符号呢？
①1个　②2个　③3个　④4个　⑤5.5个

第208章　97

嗯，原来在那里。

雷击伏特!

轰隆隆

正确答案 ②（解析见第166页）

冒出

填坑的费用你也得出了。

你、你得意个什么劲儿!

黑魔法之神已经找到一个安全的地方,开始召集黑魔法十二魔了!黑魔法帝国马上就要出现在这片土地上了。

玛尔家宅

已经击退黑魔法师了吧?

我有话要对你说，玛尔小姐。

我准备了你喜欢的蘑菇料理，都是我亲自去森林里……

$(-1)^{100}$ 的值为（ ）。

你打算离开了吗?

啊

我早就预料到了。

黑魔法之神已经开始召唤黑魔法十二魔了。现在的情况已经非常危险了。一定要尽快找到他们,阻止他们继续下去。

正确答案　1（解析见第 166 页）

你离开，不是为了保护那个姑娘吗？

啊……

如果你指的是宝儿的话……

那你误会了。我承认虽然我和她以前关系不错……

但是现在已经不一样了。反倒是只要一想起她，我就觉得非常生气。都怪她，我才会离乡背井来到这个陌生的魔法界，吃尽苦头……

德里奇。

4 有理数及其运算

领域 数与运算	能力 概念理解能力／理论应用能力

我们在前面的章节中通过实例详细了解了负数及其运算，还归纳总结了整数的四则运算法则。

那从现在开始，我们就来学习了解数的体系，以及不同数的运算法则。

请大家注意，下面的知识内容适合中学一年级及以上学年的同学学习。

同正整数 1、2、3……各自有对应的负整数 –1、–2、–3……一样，分数也有其各自所对应的负数，如 $\frac{1}{2}$、$\frac{2}{3}$、$1\frac{3}{5}$ 对应的负分数为 $-\frac{1}{2}$、$-\frac{2}{3}$、$-1\frac{3}{5}$。另外，由于整数 n 也能用分数表示为 $\frac{n}{1}$ 或 $\frac{-n}{-1}$，所以不管是正整数还是负整数，任何整数都能用 $\frac{整数m}{整数n}$ 的分数形式来表示。

像上面这种能用分母与分子都为整数的分数来表示的数就叫作有理数（分母不为 0）。

有理数就是能用 $\frac{整数m}{整数n}$（$n\neq0$）的分数形式来表示的数。整数和分数统称有理数。

【参考】数系的扩充为自然数 → 整数 → 有理数 → 实数。

像 π（圆周率）或 $\sqrt{2}$ 等就属于无理数，它们无法用分数来表示。有理数与无理数统称为实数。

所有自然数的集合 ＜ 所有整数的集合 ＜ 所有有理数的集合 ＜ 所有实数的集合

　　　　　自然数+负整数　　　　整数+分数　　　　有理数+无理数

［例］　（1）有限小数–0.12能转化为分数$-\frac{12}{100}=-\frac{3}{25}$，所以它是有理数。我们可以简单理解为有限小数可用 $\frac{整数}{10^n}$ 这一形式的分数来表示。

（2）无限循环小数0.333……=1÷3=$\frac{1}{3}$，所以它是有理数。

（3）圆周率π=3.1415926……或 $\sqrt{2}$=1.4142135……无法用分数来表示，所以它们不是有理数。

【参考】无法用分数来表示的数，用小数来表示的话就是"无限不循环小数"，这种数属于无理数。

小数 ⎰ 有限小数 ⎱ 有理数
　　 ⎱ 无限小数 ⎰ 无限循环小数 ⎱ 有理数
　　　　　　　　 ⎱ 无限不循环小数 ⎰ 无理数

下面是对自然数集合、整数集合、有理数集合里所涉及的运算法则进行的归纳整理。

从"自然数集合"中的加法运算可知，自然数与自然数的和一般都为自然数。

然而，在减法运算中，自然数与自然数的差并不一定都为自然数，也有可能为负整数。

由此可得，只有当"自然数集合"扩充到了"整数集合"，我们才能把其减法运算所得的结果全都归纳进"整数集合"当中。【参考】这种情况通常被称为"闭合"。

另外，整数除以整数所得的结果不一定全都为整数。

因此，"整数集合"只有扩充到"有理数集合"，我们才能说其除法运算所得的商都为有理数。

我们可以用解方程式来解释说明为什么需要这样不断扩充数的集合，请看下表。

✓为集合/闭合运算		+	−	×	÷	$\sqrt{}$	方程式里解（根）的存在
自然数集合	{0, 1, 2, 3……}	✓		✓			$5+x=8, 5\times x=20$
扩充到整数集合	添加了负数，扩充为整数集合	✓	✓	✓			$5+x=2, 5\times x=-20$
扩充到有理数集合	添加了分数，扩充为有理数集合	✓	✓	✓	✓		$5\times x=3$, $(-5)\times x=-1$
扩充到实数集合	添加了无理数，扩充为实数集合	✓	✓	✓	✓	✓	$5\times x^2=10 \Rightarrow x=\pm\sqrt{2}$

【注意】不包括除数为0的情况。

在中学数学课程中，我们会对包括负整数及负分数在内的所有有理数进行学习。

同学们如果掌握了有理数的四则运算法则，那么在学方程式的时候也会觉得简单又有趣，还能大大提高大家解题的信心。

从中学开始，在做减法运算的时候，可以先转换减数的符号，然后再加上其相反数，将减法转换为加法来进行计算。例如，在减法运算5−3中，3的相反数为−3，式子可以转换为 $5+(-3)$ ；而 $5-(-3)$ 里−3的相反数为+3，所以转换为加法后可得 $5+(+3)=5+3$ 。

另外，在除法运算中，可以转换为乘除的倒数来进行计算。

即，在除法运算 $5\div(-4)$ 中，−4的倒数为 $\frac{1}{-4}=-\frac{1}{4}$ ，转换为乘法就是 $5\times\left(-\frac{1}{4}\right)$ 。

我们把上面学习到的内容简要概括如下：

减法运算 $a-b$ 可转换为加法运算 $a+(-b)$ 来计算，除法运算 $a\div b$ 可转换为乘法运算 $a\times\frac{1}{b}$ 来计算。$-b$ 为 b 的相反数，$\frac{1}{b}$ 为 b 的倒数。

【参考】相反数的意思也就是加法逆元，倒数就相当于乘法逆元。

我们知道在 $a+0=0+a$ 当中，0为加法单位元；而在 $a\times1=1\times a$ 当中，1为乘法单位元。

（对于任何数 a 与 i 进行★运算，所得的值一直为 a ，也就是若 $a\star i=a$ 成立，那么就称 i 为 a 的★法单位元。）

另外，在有理数、实数的集合中，加法与乘法的交换律、结合律，以及分配律都是成立的。

	加法运算（+）	乘法运算（×）
交换律	$a+b=b+a$	$a\times b=b\times a$
结合律	$(a+b)+c=a+(b+c)$	$(a\times b)\times c=a\times(b\times c)$
分配律	$a\times(b+c)=a\times b+a\times c$（乘法运算在加法运算上进行分配）	

209 逃亡者——宝儿

一步　　一步　　一步

正确答案　〇（解析见第 167 页）

那个人就是这附近
最厉害的黑魔法师
希尔瓦颂。

原本就够坏了，
最近还老跑出来，
太吓人了。

都给我听着！

这个女孩被通缉*了!

她的名字叫作宝儿!正如大家所看到的,长得就是这么一副油头滑脑让人生厌的样子。

你们看到了她,要立马向我报告。若是谁敢违抗我的命令……

　*通缉:当不知道犯罪分子在哪里的时候,公布他的姓名与照片来进行通令缉捕。

弟弟啊！

你不是去征收玛尔家大宅了吗？成功了吗？

呃，这个嘛……

话说回来，哥你在广场上干吗呢？

发生什么事了吗？

下列选项中是循环小数的分数为（　　）。

① $\frac{1}{4}$　② $\frac{1}{5}$　③ $\frac{1}{6}$　④ $\frac{1}{8}$　⑤ $\frac{1}{10}$

正确答案　③（解析见第 167 页）

一步

一步

黑魔法之神啊，您的时代终于到来了！

起身

这里不是什么人都能随随便便进来的，那我是怎么进来的呢？

这、这不应该是我的台词吗？

一醒过来就发现自己昏倒在这里。这话说出去谁信啊！

这、这也应该是我的台词……

话说回来，这里……

到处看

原来是恐怖体验乐园！

哇

虽然我去过昆虫体验乐园，但还是第一次来恐怖体验乐园。

开心开心

好好玩啊！

你说什么鬼话呢？

请找出下列选项中结果为负数的式子。

① $(-2)^{101} \times (-1)^{11}$　　② $(-1)^9 \div (-2)^4$　　③ $(-2)^3 \div (-1)^5$　　④ $(-2)^4 \div (-1)^5$

④（解析见第 167 页）

啪嗒

嘿嘿，对不起啊。

不可原谅！

怒视

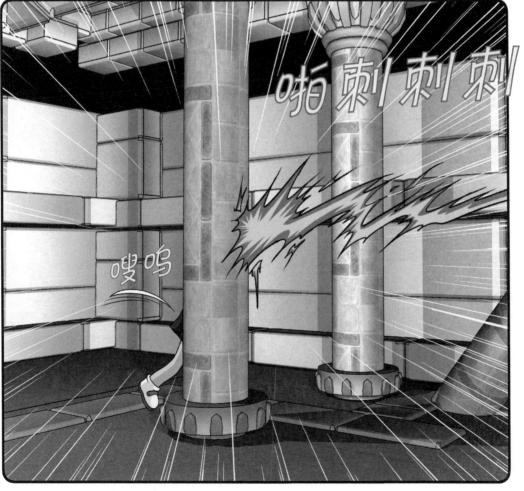

不过看起来暂时还不会垮。

你不要动它，求你了！

敲

嘎吱

你不用担心，这不是挺稳的嘛。

对于任意有理数 q，在乘1之后，所得的数都为 q。即，由于 $q \times 1 = q$ 始终成立，所以乘法（　）就为1。

不可以！

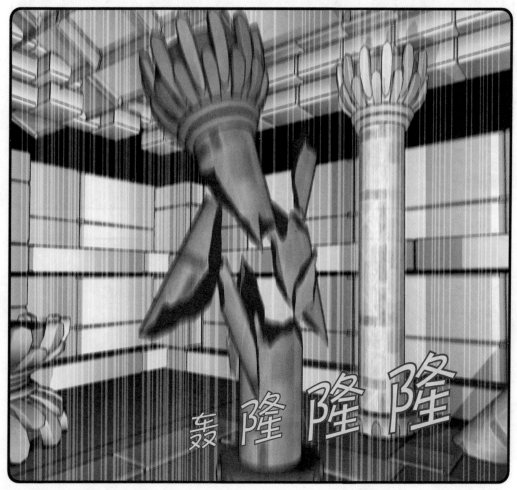

正确答案　单位元（解析见第 167 页）

运用图像、树形图、表格**理解****记忆**

5 平方根与无理数

领域 数与运算　　能力 概念理解能力／数理计算能力

现在我们来了解一下中学课程中会学到的"求平方根的方法"。

某个数 x 的平方等于正数 a 的时候，即 $x^2=a$（$a>0$）的时候，x 就被称为 a 的平方根。

例如，$2\times2=2^2=4$，$(-2)\times(-2)=(-2)^2=4$，2 和 -2 这两个数都是 4 的平方根。

[例1] 我们来看看下列各数的平方根吧。

（1）16的平方根：因为$4^2=16$，$(-4)^2=16$，所以16的平方根为4和-4。

（2）$\frac{16}{49}$ 的平方根：因为$(\frac{4}{7})^2=\frac{16}{49}$，$(-\frac{4}{7})^2=\frac{16}{49}$，所以 $\frac{16}{49}$ 的平方根为 $\frac{4}{7}$ 和 $-\frac{4}{7}$。

（3）1.44的平方根：因为$1.44=\frac{144}{100}$，且$(\frac{12}{10})^2=\frac{144}{100}$，$(-\frac{12}{10})^2=\frac{144}{100}$，所以1.44的平方根为 $\frac{12}{10}=1.2$，$-\frac{12}{10}=-1.2$。

[参考] 正数的平方根有两个，而且它们互为相反数。0的平方根是0。负数的平方根为"虚数"，而虚数属于高中数学所学的内容。

有没有一个有理数的平方等于 2 呢？答案是没有。既然这样，那 2 有没有平方根呢？这是有的。用小数来表示的话就是 1.4142……，这是一个"无限不循环小数"（这种数叫作无理数）。

在表示 2 的平方根时会使用一个新的符号 $\sqrt{}$（根号）。即，2 的平方根为 $\sqrt{2}$，$-\sqrt{2}$。用小数来表示的话，就是无限不循环小数 1.41421356……、-1.41421356……。

$\sqrt{a}$ 读作"根号 a"。

[例2] 已知$8.4^2=70.56$，请求出 $\sqrt{7056}$ 与 $\sqrt{0.7056}$ 的值。

（1）$\sqrt{7056}=\sqrt{70.56\times100}=\sqrt{8.4^2\times10^2}=8.4\times10=84$

（2）$\sqrt{0.7056}=\sqrt{\frac{7056}{10000}}=\sqrt{\frac{84^2}{100^2}}=\sqrt{(\frac{84}{100})^2}=\frac{84}{100}=0.84$

下面我们来学习如何用笔算求出一个数的平方根。

例如，现在要用笔算的方法来试着求 $\sqrt{7569}$ 的值。由于 $1^2=1$、$10^2=100$、$100^2=10000$……，观察可知，一个一位数的平方是一个一位数或两位数，一个两位数的平方是一个三位数或四位数……一个 n 位数的平方是一个 $2n-1$ 位数或 $2n$ 位数。就这样，从所给这个数的个位数开始，向左每两位数一截断来计算，就可以求出平方根了。

[第一步] 因为7569是一个四位数，所以它是两位数 $\square\triangle$（$=\square\times10+\triangle$）的平方。

$$\begin{array}{c|cc} \square & \triangle \\ \hline \square\ )\ 7\ 5 & 6 & 9 \end{array}$$

由于 $(\square\times10+\triangle)^2=\square^2\times100+2\times\square\times\triangle\times10+\triangle^2$，$\square\times\square$ 的值小于75，所以可得 $\square=8$。

[第二步] $(80+\triangle)^2 \le 7569$，即 $6400+2\times80\times\triangle+\triangle^2 \le 7569$，

所以 $2\times80\times\triangle+\triangle^2 \le 1169$。

转化为 $[(80+80)+\triangle]\times\triangle \le 1169$，因此可得 $\triangle=7$。

通过计算就能知道 $\sqrt{7569}$ 等于87。

```
            8   7
      8 )  7 5  6 9
      8    6 4
     ───   ─────
     167   1 1  6 9
           1 1  6 9
                  0
```

[例3] 请求出 $\sqrt{67081}$，$\sqrt{670.81}$，$\sqrt{670761}$，$\sqrt{67.0761}$ 的值。

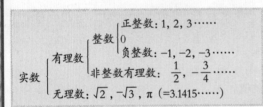 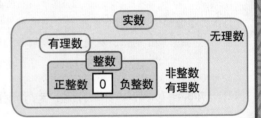

$\sqrt{67081}=259$ $\sqrt{670.81}=25.9$ $\sqrt{670761}=819$ $\sqrt{67.0761}=8.19$

我们已经知道一个能用分母与分子都为整数的分数 $\dfrac{m}{n}$ 表示出来的数是有理数，反之就是无理数。另外，假设 q 为有理数，r 为无理数，则可证 $q+r$ 与 $q\times r$ 都为无理数。虽然无理数也有很多分类，但在小学和初中课程中，只需要掌握平方根、圆周率以及三角比这几种形式的无理数就可以了。下图是对包含无理数在内的实数进行的归纳整理。

实数
- 有理数
  - 整数
    - 正整数：1, 2, 3……
    - 0
    - 负整数：−1, −2, −3……
  - 非整数有理数：$\dfrac{1}{2}$, $-\dfrac{3}{4}$
- 无理数：$\sqrt{2}$, $-\sqrt{3}$, π (=3.1415……)

实数
有理数
整数
正整数 0 负整数
无理数
非整数有理数

实数的体系

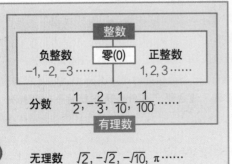

整数
负整数　　零(0)　　正整数
−1, −2, −3……　　　　1, 2, 3……
分数　$\dfrac{1}{2}$, $-\dfrac{2}{3}$, $\dfrac{1}{10}$, $\dfrac{1}{100}$……
有理数
无理数　$\sqrt{2}$, $-\sqrt{2}$, $-\sqrt{10}$, π……
实数

（二则）运算		
符号	+	×
单位元	0	1
逆元	相反数	倒数
法则	结合律、交换律、乘法对加法的分配律	

（二元）关系	
大小关系	$>$, $\ge$, $<$, $\le$, $=$, $\ne$
等价关系	$=$

分解质因数、负数的特性
有理数的稠密性
实数的完备性

悠闲

每天要跑到胖斯顿的城堡去吃饭，然后又再跑回来，真的好麻烦啊。

是的，太远了。

要不我们干脆就搬到胖斯顿的城堡里去吧，怎么样？

他们那儿房间也挺多的，要不就这样办吧。

不行！

大声

饭可以到处吃，但是觉要在一起睡。这可是作为乞丐最基本的职业道德。

原来如此……

第210章-1
判断题

假设 N 既是一个三位数，又是一个平方数，那么 $\sqrt{N}$ 是一个两位数。

正确答案　○（解析见第167页）

胖斯顿,你怎么了?

哆哆,你要帮帮我。

发生什么事儿了?

格蒂斯队来攻打我们了!

无力

格蒂斯队是这附近武力值最强的一支队伍。

一个戴着面具名为格蒂斯的人是他们的队长。

来参加国王之战的人，大多都是心城的豪门贵族子弟，一般来说大家都差不多认识。可这个格蒂斯是个例外，完全让人猜不出来他是谁。

值得注意的是，谁都不知道格蒂斯究竟是谁。

但可以肯定的是，他是一个非常残忍的人。在征服了邻近的队伍之后，把他们通通都变成了自己的奴隶。

我的天哪！

他们说如果我们明天之内不投降的话，就会直接向我们发起进攻。哆哆，怎么办？

当然是正面跟他们对抗啊！

这不可能，我们完全不是他们的对手。

第210章-2
选择题

下列选项中属于有理数的是（　　）。

①$\sqrt{2}$　　②$\sqrt{3}$　　③$\sqrt{4}$　　④$\sqrt{5}$　　⑤$\sqrt{6}$

格蒂斯队是以强悍闻名的。

那胖胖队的士兵不是也很多嘛。

我们的士兵都是在餐厅工作的员工，他们从来没有参加过战斗。

听说格蒂斯队长的身边24小时都有保镖保护。这个人能够以一敌百。

正确答案

③（解析见第167页）

我也听过这个传闻。那个家伙的名字是……

达克斯通格莱姆！

哆哆，我们该怎么办？

还能怎么办？只能投降了。在强者面前，卑躬屈膝才是真理。

这样的话，我和我的队员就都要成为他们的奴隶了！

这也还好呀，不是吗？仔细想想，奴隶的生活也没那么差。

我对你太失望了，哆哆！

生气

你别急着失望。哆哆大哥应该是有什么计划才这样的。

哪有什么计划不计划的？你没听到他怎么跟我说的吗？

哆哆大哥绝对不是个懦弱的人。你看他的眼神就知道了。

暴怒

要看他的眼神，那也得看到他的眼睛才行啊！

啊阿

气气气

第210章-3
选择题

下列选项中是有理数的为（ ）。

① $0.12 + \sqrt{2}$ ② $0.12 \times \sqrt{3}$ ③ $\sqrt{2} + \sqrt{3}$ ④ $\sqrt{2} \times \sqrt{3}$ ⑤ $\sqrt{0.12} \times \sqrt{3}$

正确答案　⑤（解析见第 167 页）

这、这完全超出了预想啊。

抬

胖胖队回答吧！是要战争，还是投降？

若要精确到小数点后两位数，用笔算的方法求出√10的值约等于（　）。

这家伙太残忍了！

呜
呜

胖厨师好可怜啊……

可怜？他哪里可怜了？莫非你以为他会被八抬大轿给抬过去？

正确答案　3.16（解析见第 167 页）

你怎么能说出这种话！

胖斯顿必须得表现得很惨才行。只有这样，格蒂斯才会放下心来。

听你这话的意思是，你已经有击退格蒂斯的办法了？

那当然了。

胖斯顿给我们送饭吃，这位邻居我还是很感激的。

这、这眼神好可怕。

我什么都可以忍，就是不能忍受别人抢我的饭碗！

真所谓惹谁都不要惹乞丐啊！

我们有办法能战胜格蒂斯身后强大的军队吗？

我们七个人怎么可能打得过他们呢？

哎哟

那你的意思是，不跟他们正面开打，也有办法能击退他们？

这就不得不提到，我以前一人对战七个流氓恶棍的故事了。

又吹牛。

我没有吹牛！

气愤

你们知道独自一人就能战胜七个人的秘诀是什么吗？

原来这家伙
就是他们的
头儿啊。

冲啊

你是说先偷袭*格蒂斯队长，把他抓来当俘虏？

怎么做？

*偷袭：指趁敌人不备，突然发起袭击。

这个世界上所有的古堡*，都是有秘密通道的。

*古堡：很久以前建造的城堡。

胖斯顿的城堡不可能没有秘密通道。

你知道秘密通道在哪儿？

我虽然不知道……

但他知道啊。

啊，我也不知道啊！

哎哟！

哎呀！

啪

你的能力是打算用在哪里呀？

立刻给我去地底下仔仔细细搜寻！

没错，我们还有
地格吉啊。

你一定要把能进入
胖斯顿城堡的秘密
通道给找出来！

知道了，
哆哆大哥！

啪啪啪

格蒂斯会在征服了这些队伍后，把所有人员全都变成自己的奴隶……

这人也太恶毒了，就让我来给他点教训尝尝！

格蒂斯，你给我等着。总有一天你会被消灭的！

一步一步

那谁能把我消灭呢?

我的朋友哆哆!

他不像你这么残暴不仁，他是正义的一方，他是个真正的英雄！哆哆一定会打败你的！

转

怒吼

呵呵

我以为正义这个词只存在于字典里，没想到竟然还真有人会用它。

趣味数学题解析

第 205 章 -1

解析 假设最大公约数为 G，则 $m=G×a$，$n=G×b$（a、b 为互质数）；假设最小公倍数为 L，则可得 $L=G×a×b$。由 $G=L$ 可得 $G=G×a×b → a×b=1 → a=1$、$b=1$。因此，可得 $m=G×1=n$；反之，如果 $m=n$，那么 m 和 n 的 G 与 L 当然也相等。

第 205 章 -2

解析 已知长方形纸板的长为 36 mm、宽为 24 mm，因为 36 与 24 的最小公倍数为 72，所以可以组合成一个边长为 72 mm 的正方形。由此可知，用 6 张这样的纸板排列出来的就是最小的正方形。

第 205 章 -3

解析 当 p、q 为质数时，$p×q$ 或 p^3 这两种形式才有 4 个约数。选项③的 $6=2×3$，6 的约数有 1、2、3、6；选项④的 $8=2^3$，8 的约数有 1、2、4、8。

第 205 章 -4

解析 因为 $\frac{a}{b}=4 → a=4×b$，$\frac{c}{d}=4 → c=4×d$，所以 $\frac{a+3×c}{b+3×d} = \frac{4×(b+3×d)}{b+3×d} =4$。

第 206 章 -1

解析 只有两个约数的数是质数，有三个以上约数的数才是合数。

第 206 章 -2

解析 把一个合数用质因数相乘的形式表示出来，叫作分解质因数。1 不是质数，4、6 为合数，所以 12 分解质因数后为 $12=2×2×3$。

第 206 章 -3

解析 选项①中 11+1=12（个），选项②中（1+1）×（5+1）=12（个），选项③中（5+1）×（1+1）=12（个），选项④中（2+1）×（3+1）=12（个），选项⑤中（3+1）×（3+1）=16（个），所以可得答案为⑤。

解析 2^4=16 有 2^0=1，2^1=2，2^2=4，2^3=8，2^4=16 这五个约数，因此 16 是有 5 个约数的最小自然数。

第 207 章 -1

解析 两个数若为互质数，那么它们的最小公倍数为两者的乘积。

第 207 章 -2

解析 将 A 与 B 的各个质因数中指数最大的数选出后，再相乘，得到的就是最小公倍数。3 的指数中最大的为 4，5 的指数中最大的为 3，7 的指数中最大的为 2，所以 $3^4 \times 5^3 \times 7^2$ 就是 A 与 B 的最小公倍数。

第 207 章 -3

解析 将 A 与 B 的各个质因数中指数最小的数选出后，再相乘，得到的就是最大公约数。因此，$3^2 \times 5 \times 7$ 就是 A 与 B 的最大公约数。

第 207 章 -4

解析 这里无法快速进行质因数分解，所以我们用辗转相除法来求解。
$323 \div 247 = 1 \cdots\cdots 76 \rightarrow 247 \div 76 = 3 \cdots\cdots 19 \rightarrow 76 \div 19 = 4 \cdots\cdots 0$
由此可得，247 与 323 的最大公约数为 19。由 $247 = 19 \times 13$，$323 = 19 \times 17$ 可检验出答案是正确的。

第 208 章 -1

解析 0 不是正数也不是负数，而是正数与负数的分界点。

第 208 章 -2

解析 选项②中的 -2 在数轴上的位置比 -1 的位置更靠左，所以 $-2 < -1$。

第 208 章 -3

解析

运算符号
$-3 - (-5) - 3 = -1$
负号

第 208 章 -4

解析 -1 的偶次幂等于 1，-1 的奇次幂等于 -1。

第209章-1

解析 设有两个有理数 p、q（$p<q$），假如 p 与 q 都为分数，那么 $\frac{p+q}{2}$ 当然也是分数。这么一来，$\frac{p+q}{2}$ 就是有理数，又因为 $p<\frac{p+q}{2}<q$，所以可以确定两个有理数 p、q（$p<q$）之间是一定存在着有理数的。

第209章-2

解析 若一个最简分数的分母只含有 2、5 以外的质因数，则这个分数就能化为循环小数。当分母的质因数只有 2、5 的时候，这个分数的分母就能转化为 10^n 形式，那么它就是一个有限小数。

第209章-3

解析 选项①中 $(-2)^{101}\times(-1)^{11}>0$，选项②中 $(-1)^2\div(-2)^4>0$，选项③中 $(-2)^3\div(-1)^5>0$，选项④中 $(-2)^4=16$，$(-1)^3=-1$，$16\div(-1)=-16<0$，所以答案为④。

第209章-4

解析 在 ★ 运算当中，对于任意数 x 都有 $x\bigstar i=x$，那么我们就称 i 为 x 的 "★法单位元"。

第210章-1

解析 由于 N 是一个三位数，那么 $10\leqslant\sqrt{N}\leqslant\sqrt{999}<32$，可得 $\sqrt{N}$ 是一个两位数。

第210章-2

解析 因为 $\sqrt{4}=\sqrt{2^2}=2$，所以选项③中的 $\sqrt{4}$ 为有理数。

第210章-3

解析 选项⑤中 $\sqrt{0.12}\times\sqrt{3}=\sqrt{0.12\times3}=\sqrt{0.36}=\sqrt{(0.6)^2}=0.6$，这是一个有理数。

第210章-4

解析 要精确到小数点后两位数的话，$\sqrt{10}$ 的值约为 3.16。

```
            3 . 1  6  2
     3  )1 0 . 0 0 0 0 0 0
     3     9
    61     1 0 0
     1       6 1
   626       3 9 0 0
     6       3 7 5 6
  6322         1 4 4 0 0
     2         1 2 6 4 4
```

打开地图环游世界

全手绘三维立体地图
海量知识任你学

高品质、超大版面跨页呈现

彩铅艺术与地理人文碰撞

旅游故事与儿童科普交织

给孩子社科和艺术双重启蒙